DE LA

RESTAURATION

ET DU GOUVERNEMENT

DES

ARBRES A FRUITS.

SE VEND

CHEZ D. COLAS, Imprimeur-Libraire, rue du Vieux-Colombier, N° 26, faub. St.-Germain;

Mme HUZARD, Libraire, rue de l'Eperon St.-André-des-Arcs, N° 7;

XHROUET, Libraire, rue des Moineaux, Butte Saint-Roch, N° 16;

DELAUNAY, Libraire, Palais du Tribunat.

DE LA RESTAURATION

ET DU GOUVERNEMENT

DES ARBRES A FRUITS,

Mutilés et dégradés par la succession annuelle de l'ébourgeonnement et de la taille.

ET

RÉFLEXIONS RELATIVES

A la marche des découvertes dans les Sciences naturelles, et aux obstacles qu'y apportent les fausses routes précédemment tracées, lues à la séance de la Société Académique des Sciences, du 31 Janvier 1807.

PAR A.-A. CADET-DE-VAUX,

MEMBRE des Académies Impériale des Curieux de la Nature; Royale des Sciences de Madrid; du Lycée du Gard; des Sociétés Philantropique, Galvanique, d'Encouragement, d'Émulation du Haut-Rhin; Académique des Sciences; Sciences, Arts et Belles-Lettres de Dijon; Sciences, Lettres et Arts de Nancy; d'Agriculture, Sciences et Arts du Nord; Sciences et Arts des Deux-Sèvres; de celles d'Agriculture des départemens de la Seine, de Seine et Oise, du Doubs, du Gers, de l'Aveyron; de celles de Roanne, etc., etc.

Avec une Gravure.

Quitte-moi ta serpette, instrument de dommage.
LA FONTAINE.

A PARIS,

DE L'IMPRIMERIE DE D. COLAS,

Rue du Vieux-Colombier, N° 26, faub. St.-Germain.

1807.

A MONSIEUR LE CONSEILLER-D'ÉTAT,

PRÉFET DE POLICE,

MEMBRE DE LA SOCIÉTÉ D'AGRICULTURE

DU DÉPARTEMENT DE LA SEINE.

Monsieur et très-honorable Collègue,

Vous chérissez l'Agriculture, cette première des Sciences, ce premier des Arts: et quel est l'homme libéral qui ne la chérisse pas? Elle a été le délassement de la Souveraineté chez les Grecs, de la haute Magistrature chez les Romains, et, dès l'antiquité la plus reculée, la passion des Héros, sur-tout celle des Philosophes. Mais vous faites plus que la chérir, MONSIEUR ET TRÈS-HONORABLE COLLÈGUE, vous la pratiquez avec cette constance qu'exige la lenteur que met à répondre au zèle de ses amis, l'Agriculture, qui ne marche qu'appuyée sur le tems; et en adoptant les bonnes méthodes vous contribuez à les perfectionner. Enfin, vous protégez la Science; car cette adoption, de la part d'un Propriétaire, et sur-tout d'un Magistrat, dont l'exemple exerce une grande influence, devient protection.

C'est ainsi que votre parc de Vitry offre, pour le gouvernement des arbres forestiers et leur restauration, un modèle qui nous manquait; vous y avez transporté cet art, dès long-tems perfectionné chez les main-mortables de la Belgique, province qui, comme agricole, occupe le premier rang parmi celles de cet Empire; et désormais, des portes de la Capitale, cet art s'étendra rapidement dans les grandes propriétés. Nos routes, que déshonorent les arbres dont elles sont bordées, pourront, avec le tems, profiter de cet aménagement.

Ce sera également à Vitry, cette antique pépinière d'arbres à fruits, que, de la vallée de Montmorency, vous aurez transporté, MONSIEUR ET TRÈS-HONORABLE COLLÈGUE, l'art nouveau qui semble devoir être désormais substitué à la taille; celui de la direction horizontale et arquée de leurs branches. Déjà la pommeraie, que vous aviez formée pour établir une comparaison entre l'opération de la taille et cette direction, atteste la préférence due à ce procédé; et l'inondation hivernale qui a submergé cette pommeraie, submersion à laquelle ont seuls résisté les pommiers arqués, démontre combien une pareille direction, que la Nature avoue si formellement, est favorable à la vie des arbres qu'on y soumet.

En adoptant cette direction, ainsi que les moyens de restauration et du gouvernement ultérieur des arbres mutilés et dégradés par la succession annuelle de l'ébourgeonnement et de la taille, votre parc et vos jardins de Vitry offriront tout ce qui peut intéresser l'art de conduire les arbres forestiers et les arbres à fruits.

Sous quels plus heureux auspices pouvais-je faire paraître ce Mémoire, dont vous avez daigné agréer l'hommage ?

Je suis avec un très-profond respect,

MONSIEUR ET TRÈS-HONORABLE COLLÈGUE,

A.-A. CADET-DE-VAUX.

DE LA RESTAURATION

ET DU GOUVERNEMENT

DES ARBRES A FRUITS,

Mutilés et dégradés par la succession annuelle de l'ébourgeonnement et de la taille.

Gouvernement est le terme qui, par la justesse de son acception, doit désormais être substitué à celui de taille ; car au mot taille, si on le laissait subsister, se rallieraient les idées d'ébourgeonnement, de section ou rupture de l'extrémité des branches, de leur ravalement au sommet et aux parties latérales, de leur maintien symétrique à la circonférence, enfin de l'applatissement des surfaces ; mutilation à laquelle les arbres sont annuellement soumis, et qui amène leur dégradation.

Occupons-nous, et tel est l'objet de ce Mémoire, de la restauration de pareils arbres, de leur régénération ; car dans cet état ils ne tardent pas à périr.

Mais, après leur avoir rendu la vie, assurons-leur une longue existence, en faisant succéder aux fatales opérations de la taille une conduite, une direction, enfin un gouvernement avoué par la nature et maintenant consacré par d'heureux résultats.

Cet art nouveau, le gouvernement des arbres à fruit, consiste dans la direction horizontale et arquée de leurs branches ; dans la suppression anticipée des branches que la nature, sur les arbres abandonnés à eux-mêmes, ne produit que pour les livrer bientôt au dépérissement, et que sur les arbres des vergers on voit se dessécher ; dans le retranchement d'une surabondance de branches qu'une trop forte végétation produit dans les sols riches : mais supprimer n'est pas tailler.

D'ailleurs j'ignore, et c'est le tems qui prononcera, si la suppression de ces sortes de branches devient nécessaire sur des arbres dirigés dès leur jeune âge conformément aux principes qui seront établis sur cette direction première.

Cet art consiste sur-tout dans la conservation des branches qui se prononcent à fruit ; dans celle des branches à bois, ainsi que des gourmands, qui, les uns et les autres, se métamorphosent en branches à fruit par le moyen de l'arqûre.

Si la taille ne doit plus subsister ; si nous ne l'appliquons plus désormais aux arbres, réservons ce mot pour la pierre ou pour le marbre auxquels la taille donne la vie, tandis qu'elle tue les arbres; que dès-lors ces dénominations taille de *la Quintinie*, etc., etc., taille de Montreuil, cessent d'exister; ne rattachons plus le nom ni des hommes ni des lieux à une opération si peu conforme aux lois de la nature qui ne taille point, mais qui imprime aux branches d'arbres à fruit une direction dont on ne peut pas s'écarter sans violer ces mêmes lois.

De la vie des Arbres.

Etablissons, avant tout, qu'il en est de la vie végétative comme de la vie animale, de celle des arbres comme de celle de l'homme;

Que peu d'hommes dans l'état de civilisation, ainsi que peu d'arbres dans l'état de domesticité, atteignent le terme fixé par la nature à leur existence;

Que chez les uns et les autres les infirmités, la vieillesse prématurée sont l'effet ou d'un *vice de constitution*, ou *d'accidens*, ou de *maladies*, mais principalement de *l'abus du régime;*

Que la constitution des arbres est bonne lorsqu'on fait choix d'une bonne semence et qu'on ne les ente que de bonnes greffes;

Que les accidèns auxquels les arbres sont exposés ont peu de suite, par la facilité d'y remédier et la certitude des moyens connus à cet effet ;

Que les maladies sont rares dans les arbres, et qu'il est facile de les prévenir, ainsi que de les guérir ;

Qu'enfin les infirmités, la vieillesse et la mort prématurée des arbres ne reconnaissent d'autre cause que l'abus de régime.

L'ébourgeonnement et la taille sont le plus grand abus du régime qui convient aux arbres ; aussi que rencontrons-nous dans les jardins? des arbres mutilés, dégradés, décrépits, mourans ou morts par le seul effet de l'ébourgeonnement et de la taille auxquels on les soumet annuellement.

De l'abus de la taille.

Dans un procès entre l'art et la nature, c'est la cause de la nature qui doit être victorieuse, et cette cause ne sera pas long-tems ajournée. Le jury qui doit la juger s'est accru, depuis mes premières expériences, d'un grand nombre d'amis des jardins. La conséquence des principes qui vont être établis sera la suppression de la taille.

Mais comment, s'écrie-t-on, ne point tailler! oui. — Il faut donc abandonner l'arbre à luimême ! non :

Entre deux excès existe un juste milieu. Si la nature ne le tient pas rigoureusement, elle l'indique ; elle se prête sans résistance à ce que l'art la place dans ce milieu là, et c'est à cela seulement qu'il doit se borner. Si l'expérience a dès long-tems prononcé contre l'entier abandon des arbres à fruit, mes expériences ne prouvent pas moins affirmativement contre l'abus de la taille.

D'anciens préjugés sont de vieux arbres à abattre ; il faut les cerner et frapper de la coignée à coups redoublés pour en couper les racines. Répétons donc, et souvent, que le gouvernement des arbres à fruit remplit le but de la nature, autant que l'art de la taille s'en éloigne ; répétons donc que la nature est la plus éloquente des leçons, si l'homme savait mieux observer.

Supposons le jardinier le plus étranger à la science : voilà dans le verger des arbres dont il faut étayer les voûtes surbaissées : elles sont couvertes de fruit, tandis que leur sommet en offre à peine quelques-uns d'épars sur ses tiges verticales.

C'est un poirier, un crésane, un bon-chrétien d'été dont l'extrémité des branches touche terre ; elles sont près de rompre. Ce jardinier a dans son potager vingt arbres de même espèce qui, à eux tous, ne rapporteront pas autant que tel de leur semblable. La même pépinière a fourni les uns et les autres ; ils ont été plantés avec autant de soin ; le terrain du potager est même beaucoup meilleur, il est fumé, l'exposition est plus heureuse ; tous sont abrités : que de circonstances favorables ! oui : mais ils sont soumis à la taille ! c'est là leur arrêt.

Comment ce jardinier, comment cent mille autres ne se sont-ils pas dit, depuis des siècles : « Dans nos vergers où les branches des arbres sont naturellement arquées, tous sont chargés de fruits, tandis que l'on n'en obtient pas le vingtième de ces mêmes arbres dans les jardins ? »

Comment, d'après cette inspection, cette comparaison si frappante, n'en avoir pas tiré cette conséquence : « retournons à nos espaliers, à ces éventails, à ces buissons, et au lieu d'ébourgeonner, de tailler, de maintenir nos branches ou angulairement ou verticalement, surbaissons-les, arquons-les ; car tels sont les arbres de la nature, et le véritable mode sans doute pour obtenir leur fruit, est celui qu'elle nous offre dans cette direction si opposée à celle que l'art adopte ? » Mais un jardinier observateur !

Changeons d'acteur, et passant à l'apologue, supposons un de ces philosophes grecs entretenant commerce avec les divinités, et consultant les Hamadryades de son verger, confidentes de la nature : qu'auraient-elles répondu aux questions de notre philosophe ? « Dans tes jardins, tu ne cesses de mutiler nos sœurs avec ta serpette qui, dans ce verger, nous respecte dès long-tems. Ici la nature, à laquelle nous sommes abandonnées, tient nos membres alongés et libres ; ils finissent par s'arquer mollement, tandis que ceux de nos sœurs sont sans cesse raccourcis par la taille, angulairement tenus et garrottés contre un mur ou un échalas.

« Aussi, éblouissantes de fleurs au printems, sommes-nous chargées de fruits en automne! aussi, belles et fécondes autant que nos sœurs sont stériles, notre vie a-t-elle autant de durée que la leur en a peu.

« C'est ton père qui nous avait toutes plantées, lorsqu'il devint propriétaire de ce domaine : nous touchons à notre soixantième année, et c'est la troisième génération de nos sœurs que nous voyons périr dans tes potagers, alors que nous sommes jeunes et belles encore : rends-leur la vie ; nous t'en conjurons :

« *Quitte-moi ta serpette, instrument de dommage; ou sers-t'en, une dernière fois, pour les restaurer, pour réparer les blessures dont elles sont couvertes et leur en faire qui puissent au moins se cicatriser :* elles sont rongées d'ulcères que le fer doit emporter. Alors chez elles, comme chez nous, la sève reprendra son cours et circulera sans obstacles dans les longs canaux que des jets, des coursons vigoureux vont lui ouvrir : mais alors n'ébourgeonne plus, ne taille plus : que leurs années cessent de se calculer d'après le nombre de mutilations des extrémités de leurs branches. Ces canaux rétablis, respecte-les ; c'est cette libre circulation de la sève, qui favorisant notre accroissement, nous permet de prendre une taille élevée, une vaste envergure, de riches contours, un beau port, jusqu'à ce qu'enfin nos bras venant à s'arrondir dessinent des arcs que nous t'offrons couverts de fruits à l'automne comme ils l'étaient de fleurs au printems, pour peu que les saisons soient propices, et que des gelées tardives, des pluies froides ou des myriades d'insectes ne viennent pas tout dévaster.

« C'est aux palmes qui terminent nos bras, que la plupart d'entre nous, la crésane, le bon-chrétien, te présentons nos richesses ; et ce sont ces extrémités là même que dans tes jardins tu retranches obstinément.

« Sois de bonne foi, mon cher Philosophe ! tu tailles tes arbres : mais cet art te paraît-il fondé sur des principes tels que la science daigne les avouer ? Je réponds pour toi le NON le plus affirmatif. Ne vois-je pas ta serpette constamment incertaine dans ta main ! c'est ton œil plutôt que le raisonnement qui dirige ton fer meurtrier. La science élève la voix de concert avec la nature et l'expérience sur la direction arquée que je te conseille d'imprimer désormais à tes arbres : alors tu pourras t'appliquer ces vers de Virgile,

Jamais Flore chez lui n'osa tromper Pomone,
Chaque fleur du printems était un fruit d'automne.

Chacun de tes arbres arqués sera le palmier qui nourrit celui qui se repose sous son ombre.

« Mais, savans et philosophes ont bien aussi leurs préjugés, d'autant plus difficiles à déraciner, qu'il y entre du sophisme et la vanité *du nous et des nôtres ;* ce que l'ignorant, l'homme du peuple voit, il le croit ; il n'oppose pas les *si...*, les *mais....*, les *comment...;* il se contente des effets : vous, c'est à la cause que vous voulez remonter ; eh bien ! cette cause de la fructification des branches arquées, la physiologie végétale te la révèle, en même tems que la nature t'en offre les heureux effets.

« Mais raisonnons un peu sur cet art prétendu de la taille, et voyons s'il peut soutenir l'examen : — *Taille du fort au faible ;* voilà ce que te dit ton art destructeur. *Ne taille pas;* voilà ce que te dit la nature conservatrice.

« Est-ce une branche à bois que tu recèpes? — Eh bien, pour tailler du fort au faible, dans un jeune arbre, ce sont les neuf-dixièmes de sa longueur qu'il faut recéper! Alors du dernier œil du talon, part une nouvelle branche que tu recéperas l'année suivante, et ainsi chaque année. Pourquoi la supprimer? pourquoi épuiser ainsi la sève à réparer ces pertes annuelles? On croit hâter notre fécondité en nous mutilant de la sorte, et on la retarde. Cependant veux-tu qu'elle puisse devancer le moment que lui a fixé la nature? imite-la: arque; elle arque plus tard : arque plus tôt, et nous te prodiguerons nos richesses :

« Est-ce une branche disposée à fruit dont tu recèpes l'extrémité? car ta serpette ne respecte rien : la froide symétrie avant tout! quoique cette ordonnance régulière de tes arbres soit le désordre de la nature. Cette branche s'arrêtait, car elle indique du fruit; en en recépant ainsi l'extrémité, il arrive que la sève, qui se mettait à fruit, alors entraînée vers l'œil supérieur, s'épuise à produire, quoi? une branche à bois qu'il faudra bien tailler et retailler.

« Mais dans ces branches alongées, notre fleur est souvent stérile, il est vrai : une sève trop aqueuse ne peut pas conduire une fleur à bien.

Alors il faut arquer ; par ce moyen tu retiendras captive, dans ta branche, la sève descendante qui seule fait le fruit, et ton arqûre te donnera à la seconde année le fruit que la nature met trois ans à produire. Vois combien elle est riche en poires, celle de mes branches qui est éclatée, et dont la cassure se trouve soudée par ce fort calus, par ce double bourrelet des sèves ascendante et descendante, les réparatrices de cet accident ; mais contente-toi de l'arqûre, à moins qu'il ne s'agisse de quelque gourmand rébelle qu'il faille dompter : alors casse, éclate, et panse la fracture ; la nature ne repousse pas les secours de l'art : mais qu'il se borne à la secourir et à l'aider.

« Souvent tes arbres offrent une mamelle bien arrondie, une riche lambourde ; mais elle est trop saillante ; elle dépasse la ligne que tu as circonscrite ; alors du dos de la serpette tu la romps sur deux ou trois yeux que tu comptes devoir donner fruit ; mais leur fleur s'éteint le plus souvent ; et après trois années d'attente, cette lambourde avortée est remplacée par un chicot qui se hérisse annuellement de brindilles qu'on recèpe et qui finit avec le tems par former une large protubérance couverte de mamelons ; tel est le malheureux emploi que tu forces l'arbre à faire de sa sève. Non, la Chine ne produit pas de racines aussi tortillées, aussi noueuses que le sont les branches de tes buissons, de tes espaliers : là tous les accidens de difformité sont réunis.

» Enfin, c'est un ou plusieurs gourmands qui s'élèvent verticalement de la tige du poirier, du pêcher ; tu les recépes ; il en repousse l'année suivante de plus vigoureux encore ; tu les recéperas de nouveau, et c'est ainsi que la nature s'épuise à reproduire, tous les ans, ces gourmands, que, tous les ans, tu supprimes, jusqu'à ce que ton arbre n'ait plus la force d'en faire croître.

» Sache, mon cher Philosophe, qu'il n'en coûte pas plus à la nature de produire un rochet de cinq ou six fruits qu'un de ces bouchonnages de feuilles et de brindilles qui naissent d'une taille forcée, sur-tout quand, à l'aide de l'arqûre, tu convertiras en sève fruitière une sève non élaborée.

» Dès-lors change-moi en fécondité cette luxure ; arque tes gourmands à leur première apparition ; ils n'auront point de successeurs : tu en auras par-là métamorphosé tous les yeux, partie en boutons à fruit, partie en riches lambourdes qui rempliront le vide du milieu de ton arbre. Chacun de ces gourmands formera une voûte couverte de fleurs et successivement de fruits, de laquelle s'échapperont quelques branches à bois, que tu laisseras pour soutenir la végétation, en attendant que tu les arques à leur tour.

» Crois-moi, mon cher Philosophe, renonce à ton art. »

Le Philosophe. « Au plus ancien peut-être des arts ! à l'art qui a pris naissance à cette première époque des Sociétés, qui vit un mur s'élever pour enclore une propriété ! un arbre y fut adossé, et il a nécessairement fallu le tailler. »

L'Hamadryade. « Pourquoi le tailler ? il fallait le diriger. Tout ancien que soit l'art de la taille, la nature est plus ancienne...... Elle est à la droite de l'homme, et c'est à gauche qu'il s'achemine, pour errer ainsi pendant la moitié de sa vie, trompé par l'orgueil des faux systèmes et les illusions de l'amour-propre.

» Tu ne me réponds rien ? Vous autres Philosophes êtes cependant si fertiles en argumens. »

Le Philosophe. « Confidente de la nature, tu me dévoiles ses secrets ; je m'abandonne à elle, et mon art, désormais moins ambitieux, se bornera à l'aider, sans la contraindre, dans le gouvernement des arbres à fruit. Je vais de ce pas consoler tes sœurs que j'ai depuis si long-tems maltraitées ; je vais tenter quelque expérience. »

L'Hamadryade. « Tu n'en es encore que là ! Tenter des expériences sur la conduite des arbres à fruit qui seuls se conduisent si bien ! Ce long détour de la science pour arriver à la nature nous paraît vraiment très-plaisant, à nous autres Hamadryades ; encore une fois, ne vois-tu pas notre tête inféconde, tandis que nos bras qui s'enlassent sont couverts de fruits ? Quelle autre expérience désires-tu ?

» Veux-tu un dernier fait ? c'est celui de ces lianes qui, dans les vastes forêts de l'Afrique, ainsi que de l'Amérique, embrassant chaque branche des arbres les plus élevées, retombent en filets jusqu'à terre. Faibles d'abord, ces filets finissent par atteindre la grosseur du bras ; car l'arqûre fortifie la branche qui y est soumise. De deux branches égales, laisses-en une s'élever verticalement, et arques l'autre ; cette dernière t'étonne par la circonférence qu'elle acquiert. C'est au sommet des arbres seulement que se forme le fruit de la liane, c'est-à-dire, qu'*il ne croît qu'à la naissance de l'arqûre des filets* et à une portion de la tige descendante ; pas un fruit n'existe sur la tige ascendante.

» Ainsi donc dans la liane, de même que dans les arbres de nos vergers, la fructification n'est réellement fixée qu'au point où la tige perd sa verticalité, au point où la sève descendante se trouve obstruée dans le canal qui la porte vers les racines. Tu veux des expériences! puis-je t'en citer de plus concluantes en faveur de l'arqûre ?

» Mais l'astre du jour se couche, et la nuit nous rappelle à nos fonctions ; la végétation suspendue reprend son activité. Bon soir, Philosophe. »

Quelques amateurs taillent eux-mêmes leurs arbres, ils y mettent de l'amour-propre ; car pour eux c'est un art : ne fût-ce que cette symétrie qu'ils donnent à leur arbre. Quant à l'homme, qui a pour but le *rerum cognoscere causas*, repoussé par l'absence de tout principe qu'il cherche et ne trouve pas dans l'opération de la taille, il l'abandonne à son jardinier ; voilà pourquoi tel qui a le mieux écrit sur la physiologie végétale, n'a pas un espalier mieux tenu que celui de ses voisins.

Combien de récriminations, je m'y attends, s'élèveront contre cette proposition, *ne point tailler !* mais j'ai interrogé plusieurs des hommes les plus éclairés sur la culture des arbres ; je leur ai demandé l'opinion qu'ils avaient de l'art de la taille ; tous m'ont avoué que, l'ayant étudié, ils ne l'avaient trouvé appuyé sur aucun principe qui pût en faire véritablement un art. *Rozier*, qui a décrit l'art de la taille, ne croyait pas à la taille ; il ne croyait pas plus, il est vrai, à l'abandon des arbres ; mais *Rozier* aurait cru à la direction des branches *d'arbres à fruit en arc*, parce que *Rozier* était le confident de la nature.

J'ai vu *Pépin* environné d'une cour très-honorable d'agriculteurs, de huit membres de la Société d'agriculture ses collégues ; je nommerai *Villemorin*, *Cels;* j'en appelle, au besoin, aux survivans que je ne dois pas mettre en cause sans leur participation : il s'agissait de suivre la taille du pêcher ; *Pépin* était octogénaire ; craignant qu'il n'emportât au tombeau son siècle d'expérience, j'avais provoqué cette Commission, dont voici le résultat. Plusieurs de ces séances ne m'ont rien appris ; j'étais là avec le respect de l'adepte ; le crayon en main, je guettais quelques principes sur la taille, quelques-uns de ces adages consacrés, et qui deviennent les oracles des arts. Je projetais de rédiger l'art de la taille du pêcher ; c'est un ouvrage que je prétendais faire, et je n'ai pas même daigné conserver les minutes. Si cet art eût vraiment existé, une pareille Commission avait bien des titres pour en constater l'existence et en devenir dépositaire ; car enfin c'était la succession de *Pépin* que tous nous venions recueillir, et jamais héritiers plus avides ne furent plus déçus dans leur espérance.

Cette déclaration exigeait une sorte de courage ; mais revenons à notre objet.

Pendant dix-neuf ans, persuadé que la taille, cet art de plusieurs siècles, était dès long-tems fixé, je jurais sur la parole des maîtres, j'étais le jardinier inobservateur, lorsqu'enfin je me suis permis le doute, ce commencement de la sagesse ; alors, devenu le Philosophe grec, la physiologie végétale est l'Hamadryade que j'ai consultée, et qui m'a ramené vers la nature.

Parcourons avec l'ami des jardins le tableau des misères auxquelles tant d'arbres à fruit sont assujettis.

Là sont des arbres qui ont passé leur huit ou dix premières années en pépinière, où ils ont été déjà passablement mutilés.

On leur a retranché la tête pour les planter dans nos jardins où ils seront encore mutilés pendant huit ou dix autres années avant qu'ils donnent un fruit. Voilà quinze à vingt ans écoulés et on déclare l'arbre en rapport. Il donnera pendant dix ans, et le dixième seulement de ce qu'il devrait naturellement rapporter. A trente ans révolus il touche à sa décrépitude. Heureusement le jardinier ne peut plus tailler, parce que l'arbre ne produit plus de branches à bois qu'on puisse retrancher ; mais il continuera de faire un premier et un second ébourgeonnement. Enfin l'arbre terminera sa carrière en donnant du fruit encore pendant quelques années.

Jeune d'existence, il a cessé de croître ; il ne répare plus ; il entretient un reste de vie.

L'arbre de la nature a une si belle corpulence, même dans sa vieillesse ! tandis que dans l'arbre soumis à l'art il n'y a aucune proportion entre ses branches et son tronc, devenu énorme en raison de l'oblitération d'une sève sans cesse refoulée vers sa base par la suppression successive de ses canaux naturels. Le peu de membres qu'il conserve présentent une écorce noire, écailleuse, recelant, sous ses esquilles, des milliers d'œufs d'insectes qui dévoreront au printems ses jeunes pousses ; pas un de ses membres dont la surface ne soit couverte de nodus, de loupes, de talons, de moignons, ou de tronçons des branches éclatées ou tombées de pourriture. L'arbre porte autant de bois mort que de vif ; et quelle en est la vie ! Enfin il est couvert de plaies, de chancres que dérobe à l'œil le matelas de mousse qui les recouvre ; chancres qui, perçant le tronc, s'étendent aux racines ; il est encore couvert de fongus que, mourant, il est forcé de nourrir !

Des milliers d'arbres en éventails, en espaliers, en buissons, à basse et à haute tige, attestent une telle dégradation, et c'est en présence de ces arbres que j'en esquisse le tableau; c'est celui de leur décrépitude; j'en appelle à tous les Propriétaires de jardins.

Des arbres en éventails.

L'ARBRE de la nature est un fuseau ou un ovale. Quand ses branches inférieures ont péri, il prend à son sommet soit la forme conique, soit la forme demi-sphérique.

Celle de l'arbre en éventail est donc la plus diamétralement opposée aux formes voulues par la nature.

Voyons comment on parvient à imprimer cette forme et sur-tout son applatissement.

On étend, sous un angle plus ou moins prononcé, les branches, dont on recèpe les extrémités lors de la taille.

Premier ébourgeonnement. — Au premier ébourgeonnement on retranche à la serpette ou plutôt on ravale, en les rompant, toutes les branches qui s'étendent sur l'une ou l'autre surface; car l'arbre doit présenter une forme applatie; c'est une planche dressée sous la varlope du menuisier, ou une étoffe verte étendue sur un cadre. O nature! ô nature!

Deuxième ébourgeonnement.—Au premier

ébourgeonnement en succède le plus souvent un second.

Les branches qui auraient dû parcourir le cercle de leur accroissement et qu'on a ébourgeonnées, forment presqu'à chaque œil de nouvelles branches, qu'il faut casser de nouveau afin d'éviter, au moins pour le moment, cette confusion de brindilles ; car quel nom donner à ces cinq ou six pousses substituées à une seule branche qu'il fallait tout simplement recéper si elle était superflue, ou conserver, ou peut-être arquer pour la mettre à fruit ?

On a, bien entendu, retranché les branches imprudentes qui se sont permis de dépasser la ligne demi-circulaire, ainsi que l'épaisseur donnée à l'arbre ; car c'est un demi-cercle bien régulier, bien compassé, auquel l'arbre est soumis ; symétrie dont s'indigne la nature et à laquelle sourit le maître tout orgueilleux de l'art de son jardinier.

Le goût s'est élevé contre ces ifs, ces tours, ces portiques qu'on voyait autrefois dans nos jardins d'ornement : le goût a dû les proscrire, et la raison n'aurait pas aujourd'hui le droit de proscrire, dans les arbres à fruit, des formes aussi bizarres que l'est celle d'un éventail !

Cependant la forme d'éventail est celle de la plus grande partie des arbres plantés en contre-espalier, en bordure ; cette forme est nécessairement celle de tout arbre en espalier, et c'est la seule sous laquelle on puisse les tenir adossés à un mur.

Or, ne pouvant pas l'exclure, nous la soumettrons à un mode de direction qui ne s'écartera pas des principes que la physiologie végétale consacre La nature, en se prêtant volontiers à une telle direction, prouve qu'elle ne désavoue pas cet art nouveau; tandis qu'elle prononce si énergiquement son désaveu sur l'art actuel de la taille, par les infirmités et la mort auxquelles elle livre les arbres à fruit.

Des arbres en buisson.

Il en est des arbres en buissons comme de ceux en éventails : circulairement applatis sur leurs deux surfaces, ils sont également soumis à la taille et à l'ébourgeonnement.

Des arbres à tiges.

Les arbres à tiges ne sont que des buissons plus élevés : or, les mêmes causes devant produire les mêmes effets, le remède sera le même.

Des quenouilles.

Il suffit de parcourir de l'œil un plant de quenouilles pour fixer son opinion sur cette étrange culture. Il n'y a pas de forme admise qui soit plus en contradiction avec la nature ; car la quenouille est un arbre sans branches ; et conséquemment sans racines ; a-t-il donné quelques jets, on les recèpe à l'automne, et quand il est parvenu à jeter quelques fruits, semblable à la lampe qui donne le brandon de flamme à sa dernière goutte d'huile, la quenouille, comme la lampe, meurt.

Cependant arquez vos branches au lieu de les recéper, et vous aurez de superbes pyramides arquées au lieu de quenouilles mourantes.

Effets de l'ébourgeonnement.

Voilà donc deux ébourgeonnemens : voyons quels en sont les effets. C'est d'avoir laissé sur votre arbre cinquante tronçons de branches rompues : l'arbre croît, et chaque année les multipliera ; ils augmenteront ainsi en volume et sur-tout en nombre ; en sorte qu'au bout de dix ans vous avez un arbre dont l'ébourgeonnement a causé la dégradation que parachève, de son côté, l'opération de la taille.

Toute branche qui n'est pas recépée à sa base, à son point d'adhérence, laisse un argot, un chicot dont les yeux et sous-yeux produisent autant de branches chiffonnes, qui absorbent de la sève en pure perte : le jardinier prétend que cela sert à garnir son arbre ; oui : mais, par-là, l'arbre se dégarnit de fruit, qui, sans cette déperdition multipliée de sève, se formerait sur d'autres points.

Au lieu qu'en recépant la branche au niveau de celle qui lui donne naissance, il s'élève souvent du bourrelet de la plaie une branche vigoureuse, qui peut devenir profitable; souvent c'est une lambourde.

Il en est de même des branches qu'on ébourgeonne. L'ébourgeonnement ne fait que diminuer la longueur du canal de la sève, laquelle n'en abonde pas moins, et suant par tous les pores de l'écorce, couvre l'appendice raccourci de branches nouvelles, si on peut donner ce nom au bouchonnage qui sort de chaque œil: ou bien on voit les yeux se disposer en boutons à fruit; ils donneront au moins fleurs; car la plupart avorteront.

C'est le nombre des feuilles qui annonce les boutons à fruit; mais c'est sur-tout la forme plus arrondie de ces mêmes feuilles qui prouve qu'elles participent à une autre nature de sève; tandis que le fruit, placé sur les lambourdes forcées qui s'échappent parfois de ces chicots, est le plus souvent dégarni de feuilles, et posé à leur extrémité; rien n'en soutient la végétation. Combien on voit de ces fausses lambourdes qui ne pouvant pas opérer le développement d'une feuille, se hasardent à donner un fruit ! mais qu'on compare le petit nombre de ceux qui échappent à ce concours de circonstances si défavorables, aux fruits qui se présentent aux postes que la nature leur assigne, ou sur plein bois, ou sur de véritables lambourdes !

Aspect des arbres soumis à l'ébourgeonnement et à la taille.

Ainsi conduit pendant dix ans, par une continuité d'ébourgeonnemens et de tailles, les arbres présentent donc depuis la naissance de la tige et sur l'étendue des branches jusqu'à leur extrémité, une chaîne d'onglets, de chicots, de fausses lambourdes ; les yeux, les sous-yeux, forcés de sève, percent à la fois et font ce bouchonnage de feuilles et de fleurs qui, au printems, rendent l'arbre éblouissant de fleurs, mais cet arbre si complètement *abouti* donne à peine quelques fruits. La presque totalité des fleurs se dessèche et tombe ; le surplus noue, mais la plupart pour avorter et tomber en naissant.

Cependant ces nombreux chicots sur lesquels le jardinier fonde ses espérances, demeurent, ne cessent de dériver la sève, et ils forment avec le tems de ces talons, de ces forts genoux dont la base est communément un chancre circulaire, vivant ainsi sur le bois mort.

De la conduite de l'Arbre.

Arrêtons-nous un moment sur le mode de conduire un arbre à fruit dans l'état actuel des choses.

On plante son arbre ; on le recèpe, supposons à deux yeux.

De ces yeux sortent des branches qui s'élèvent verticalement ; voilà sa première année de plantation révolue.

A la seconde année on recèpe ces branches, chacune sur deux yeux, de manière à obtenir autant de nouvelles branches qu'on y laisse d'yeux; ainsi de deux branches recépées à deux yeux, on aura quatre branches.

Les deux branches avaient poussé la première année, de deux, quatre, six pieds, selon l'espèce de l'arbre, la qualité du terrain, etc. ; elles ont été recépées à deux ou trois pouces ; que résulte-t-il de ce recépage ? que la végétation tendant à réparer la perte que l'arbre a subie, il s'élance de chaque œil une nouvelle branche plus étendue que ne l'était celle qu'elle remplace, branche qui se coude sur le tronçon de la première.

A la troisième année on les recèpe encore, et ainsi de suite à chaque taille ; en sorte qu'on compte les années de plantation d'un arbre par le nombre de ces sections de leurs branches qui représentent un tuyau de poêle composé de plus ou moins de bouts.

S'il s'élève du tronc quelques branches verticales ou gourmandes, on les retranche, à moins que l'arbre étant d'ailleurs vigoureux, on ne préfère les recéper pour en obtenir des branches destinées à garnir le milieu de l'arbre.

Bientôt l'abondance de la sève, qui n'a plus ses longs canaux pour circuler, multiplie les branches latérales en raison de la vie de l'arbre, de la bonté du terrain; et de là naît la nécessité d'ébourgeonner.

Mais ne parlons pas trop de la vie de l'arbre; cette vie dépend des racines qui ne croissent que dans la proportion des branches; si pendant les premières années vous recépez constamment une partie aussi considérable des branches, l'accroissement des racines est retardé dans la proportion de ce retranchement; vous n'avez plus que des racines en souffrance, de même que le sont les branches; car l'harmonie entre les racines et les branches est telle, que la force des unes tient à la force des autres.

Il y a plus : beaucoup de ces arbres laissent leurs racines dans l'état où elles étaient lors de leur plantation; il s'y est à peine formé du chevelu, ce qu'atteste la déplantation de ces arbres au bout de plusieurs années de langueur.

Mais, objecte-t-on aussi, un arbre s'élance, et il faut bien l'arrêter; ses branches sont minces, effilées, il faut leur faire prendre du corps. Ainsi, c'est parce que votre arbre croît trop à votre gré que vous l'épuisez en le forçant à réparer les pertes que vous lui faites annuellement subir, par la taille et par l'ébourgeonnement.

Mais quand l'adolescent est dans l'âge de sa croissance, qu'il s'amincit, qu'il s'effile, lui faites-vous tirer du sang qu'il serait dans l'impuissance de réparer? lui appliquez-vous un cautère? Non, sans doute; et au lieu de l'épuiser ainsi, vous employez un bon régime, des alimens choisis, le repos; enfin vous laissez à la nature le soin de cette crûe trop hâtive: traitez votre arbre comme votre enfant; êtres organisés l'un et l'autre, ils sont soumis à des lois communes.

Tout arbre, ainsi mutilé par l'ébourgeonnement et par la taille, doit nécessairement ne pas être prodigue de fruit; il ne peut plus en offrir sur plein-bois; le recépement de l'extrémité d'un grand nombre de branches les empêche de se mettre à fruit. Y sont-elles disposées? leurs yeux inférieurs prennent-ils ce caractère ? le recépement épuise la sève fruitière à réparer la perte que la branche a soufferte par la suppression de son extrémité. Quelques-unes auraient formé de vraies lambourdes qui, par ce recépement, ne deviendront que branches à bois ou rien ; en sorte que la fleur et le fruit se présentent le plus ordinairement sur des lambourdes forcées qui s'échappent de la base d'une branche éclatée ; lambourdes qui se dessèchent, qu'on détache du bout du doigt, et semblables à ces saules languissans, n'ont de vie que dans l'écorce ; la partie ligneuse est morte : tous les vieux arbres sont couverts de semblables débris.

La serpette a retranché le fruit que vous étiez en droit d'attendre, et il ira chauffer le four de votre jardinier. Combien ces fagots, qui à la taille jonchent le pied des arbres, coûtent cher au maître et lui causent de privations ! Mais pourquoi les maîtres ne s'instruisent-ils pas lorsque la science de conduire les arbres est si facile à acquérir ? Certes, cet état de subordination du maître envers son jardinier a quelque chose d'humiliant.

Vous voyez ce poirier franc, arqué, demandez aux jardiniers ce qu'ils eussent fait des branches qui forment ces arcs ? — « Nous les aurions toutes retranchées à la taille », répondent-ils. — Et c'est ce dôme de vingt pieds de circonférence qui vous offre deux cents fruits ! — Il n'y a pour eux de réponse que le silence.

Voilà, en effet, à cet espalier des branches de poirier qui au bout de douze ans de plantation sont enfin parvenues à six pieds, ce qui fait douze pieds d'envergure ; et, pour beaucoup de jardins, c'est un bel arbre. Si on calculait ce que chaque année, à la taille, on a recépé de cette branche de six pieds, la suppression pour ses douze ans s'élèverait de trente à quarante pieds. Encore une fois, combien ce fagotage annuel n'a-t-il pas emporté de fruit! Si au lieu de supprimer, on eût arqué tour à tour la totalité de ces branches! — Mais elles sont si effilées ! non ; l'arqûre les corrobore ; la sève, qui fait le fruit, fait le bois ; elle fait les arbres.

Il a été difficile, je l'avoue, de tracer les règles d'un art sans principes, tel que celui de la taille ; aussi *La Quintinie*, *Roger-Schabol*, *Descombes*, *Labretonnerie* varient-ils de préceptes et d'exécution. Combien de volumes n'a-t-on pas écrit sans éclairer une doctrine contre laquelle les résultats prononcent si fortement !

Mais la direction des arbres, si conforme au vœu de la nature, devient un art tellement simplifié qu'il cesse d'en être un : chacun peut le pratiquer avec succès. Une heure donnée au développement des principes de physiologie végétale applicables à ce mode de direction, et une heure d'inspection sur le théâtre des expériences, doivent compléter l'éducation de l'être le plus étranger à la culture, puisqu'il se réduit :

A ne point tailler ;

A retrancher seulement les branches que la nature indique devoir l'être, par le dépérissement auquel elle les abandonne dans l'arbre livré à lui-même ; telles les branches *demi-bois*, les branches veules ;

A ne point recéper même l'extrémité des branches, sauf quelques cas d'exception ;

A ne point ébourgeonner ;

A ne point retrancher les gourmands, et à les convertir par l'arqûre en branches à fruit ;

A diriger horizontalement les mères branches pour obtenir de chaque œil soit des boutons à fruit, soit des lambourdes ;

Enfin, à courber en arcs les branches à bois pour les mettre à fruit.

Ces principes, sommairement établis, sont indistinctement applicables à tous les arbres, quelles qu'en soient l'espèce et la forme.

Ces six propositions font le traité complet de la conduite des arbres.

L'explication des plus grands phénomènes de la nature, quand on est parvenu à bien connaître ses lois, se réduit à un petit nombre de propositions.

De la restauration et du gouvernement des arbres à fruit, comme moyen de prévenir le dernier terme de leur dégradation.

Maintenant occupons-nous de la restauration de notre arbre mutilé, dégradé, mourant enfin par l'effet de cette succession annuelle de l'ébourgeonnement et de la taille. Prévenons le dernier terme de sa dégradation. Cette restauration fait l'objet particulier de cet écrit. Le gouvernement des arbres pris à leur naissance sera la matière d'un autre Mémoire.

Le moment où paraît cet ouvrage permet encore d'heureux résultats pour l'année même, et de plus heureux pour l'année suivante.

Un bon gouvernement va reporter ces arbres, sinon à cet état de vie appanage de la jeunesse, au moins à un état de virilité et de fécondité à laquelle succèdera une verte vieillesse non moins productive, et à la fin de leur carrière ils pourront encore offrir un beau port. S'ils présentent des cicatrices, au moins ce ne sera pas cet aspect hideux de plaies, de chancres abreuvés de sanie.

Du tems de cette restauration.

On peut entreprendre la restauration des arbres à toutes les époques de l'année.

Il s'agit de supprimer, à l'aide de la serpette, de la scie, du ciseau, toutes les protubérances quellesqu'en soient les dénominations, qui couvrent l'arbre de la base au sommet; de creuser avec l'instrument tranchant tous les chancres dont il est dévoré, et à plus forte raison d'enlever la totalité de la couche écailleuse de l'écorce.

Après cette opération, l'arbre n'est souvent plus qu'une plaie; c'est le cas de dire qu'après vingt ans d'existence il se présente le bâton blanc à la main; en effet, il est blanc, ce qu'on appelle arbre *éventé*.

S'il y existe quelques pousses de l'année, quelques lambourdes franches et bien nourries, respectez-les; mais recépez ces lambourdes forcées, ces boutons à fruits si nombreux, implantés sur des tronçons de branches déjà vingt fois recépées; la dureté, la solidité, la sécheresse du bois ne permet plus à la sève de s'y mouvoir; elle a pu produire une fleur, mais qui sera stérile; elle ne peut souvent pas produire de feuilles. Le jardinier hésitera à faire ce retranchement; ses espérances tant de fois déçues, lui disent assez qu'il n'a point à compter sur cette apparence de fructification, cependant il y compte encore; forcez-lui la main.

Recépez sur-tout l'extrémité des branches couronnées, qui toutes se terminent par un moignon couvert de trente plaies ; tout chancreux, il se borne à produire un fouillis de brindilles et feuilles.

Venons maintenant au secours de ce corps tout mutilé, tout couvert de blessures, et ne laissons point à la nature le soin de les cicatriser ; elle a besoin du concours salutaire de l'art.

Dans le nombre de ces plaies il y en aura de larges, sur-tout celles de la base de l'arbre ; ne les laissez point exposées à l'action de l'air ; à celle des pluies qui venant à s'infiltrer sous l'écorce, nuiraient à la cicatrisation ; d'ailleurs l'écartement des lèvres de l'écorce offrirait un repaire aux insectes. Evitons de nouveaux accidens lorsqu'avec de légers soins l'arbre n'a plus à en redouter.

On emploie l'englument emplastrique pour recouvrir les plaies latérales ; quant à la tête des branches recépées, on peut y appliquer l'englument de St. Fiacre.

Mon verger offre de ces phénomènes de restauration, entr'autres un cerisier dont la tige ayant environ trois pieds de circonférence a été sciée dans sa hauteur, son corps est soutenu à l'aide d'étais ; la tige ne pourrait pas supporter sa tête ; cet arbre est devenu le plus vivace et le plus productif de la cerisaie.

Je reviendrai par la suite sur chacun des détails relatifs à la conservation des arbres.

Du traitement des racines.

L'ARBRE porte-t-il des branches mortes ? recépez-les au vif ; alors découvrez la racine correspondante qui participe nécessairement de l'état de la branche, recépez-la également.

Appliquez sur la blessure de la racine l'englument emplastrique pour la recouvrir.

Avec la pointe de la serpette, faites quelques légères incisions sur les côtés de la racine, à l'écorce seulement, et point à une plus grande profondeur.

En découvrant la totalité des racines on pourra facilement étendre à toutes cette incision superficielle de leur écorce ; aux points incisés il se formera un chevelu abondant, et si la terre est renouvelée, si elle est fumée, la régénération de l'arbre n'en sera que plus assurée. Alors recouvrez cette racine de terre de bruyère, de terreau et sable, ou enfin de ces fertilisans compostes que l'on a en réserve dans les jardins.

Votre arbre était mourant ; dans cet état de nudité il a l'air d'être mort ; mais c'est pour paraître aux premières douceurs du printems avec tout l'éclat de la vie.

Alors quel contraste forme un arbre ainsi restauré avec les arbres voisins qui n'ont pas été soumis à cette opération régénératrice ! c'est la brillante jeunesse à côté de la décrépitude.

La totalité de l'arbre depuis sa base jusqu'au sommet, si c'est un éventail, un buisson, va se couvrir de feuilles ; de tous les points partiront des tiges vigoureuses qui vont garnir de branches votre arbre qui en était dénué ; du sommet des branches couronnées, il jaillit des coursons qui se multiplient ; mais c'est à fruit que se présente la majeure partie de cette végétation nouvelle qui offre des lambourdes bien mamelonnées, souvent à côté de celles que vous avez cru devoir conserver et qui sont destinées à périr.

Du gouvernement ultérieur de l'Arbre restauré.

Cet arbre ne doit plus être soumis qu'à une sage direction.

En conséquence bornez-vous à arquer une partie des branches : que le corps de l'arbre, sur-tout que son sommet soit enlacé de ces guirlandes, de ces festons : aux grâces, à la parure de la jeunesse, il unira les faveurs de la virilité et d'une fécondité dont il n'avait peut-être jamais joui ; au moins doit-il à la vieillesse prématurée dans laquelle il était tombé, un bois complètement aoûté, et une sève élaborée ; attendez un an et vous verrez les boutons à fruits inonder votre arbre, pour s'ouvrir l'année d'après. Cette assertion que la théorie autorisait, et que j'ai énoncée, est aujourd'hui consacrée par l'expérience.

Mes arbres, ainsi disposés, offrent le fruit à plein bois, sur d'inépuisables lambourdes ; ou plutôt toute branche devient branche à fruit ; la distinction des branches, qui a lieu dans un jeune arbre, disparaît ici ; tout se réduit à branches à fruit et à quelques branches à bois, que vous laisserez en partie subsister comme pompes aspirantes de la sève ascendante, et préparant d'ailleurs dans leur long tube la sève descendante qu'elles reportent aux racines, destinées à recevoir de l'accroissement dans ce nouvel ordre de choses ; car les branches font les racines ; les unes et les autres se maintiennent en harmonie.

On a beaucoup à arquer, vu l'abondance des

branches qu'on voit surgir de tout côté ; car un pareil arbre est impatient de réparer sa nullité en prodiguant enfin branches et fruit.

Il jouit de la totalité de sa sève précédemment épuisée à alimenter ce ramas de protubérances , d'excroissances qui l'enchaînaient , et l'arrêtant ainsi dans sa course, lui ôtaient la faculté de circuler dans ses longs canaux.

La terre et l'atmosphère sont les sources de l'une et l'autre sève , ascendante et descendante ; les racines et les feuilles en sont les pompes aspirantes, l'arbre le réservoir, la branche les canaux : si vous interceptez ces canaux ; si vous les mutilez , qu'avez-vous à attendre du jeu de cette machine hydraulique?

De l'Englument résineux.

D'ANCIENS auteurs ont indiqué des mêlanges emplastriques comme moyen efficace de recouvrir les plaies des arbres , sur - tout celles faites par la greffe en fente ; cependant l'usage a prévalu , pour cette dernière opération, d'employer l'englument de St. Fiacre ; mais l'énorme poupée dont nos greffeurs affublent la tête de l'arbre a bien ses inconvéniens , tandis que l'application d'une substance emplastrique n'en présente aucun.

Quant aux plaies ordinaires faites à un arbre,

on ne peut y employer l'englument de Saint-Fiacre qui est sans adhérence ; il n'y a qu'un corps emplastrisque.

Ces recettes sont assez multipliées, chacun tient à la sienne ; *Agricola* sur-tout exalte sa *momie*, nom qu'il donne à une de ces préparations.

Cependant comme toutes se réduisent à obtenir les mêmes effets, celui de couvrir les plaies, de les mettre à l'abri de l'action du soleil, de l'air et de l'eau, enfin à favoriser la réunion de l'écorce, je vais indiquer le mélange le plus simple et le plus économique.

On fait liquéfier, à une chaleur douce, quatre onces de résine, une once de cire et autant d'huile ; au défaut de cire on peut employer du suif deux onces, et alors n'y pas ajouter d'huile ; on retire le mêlange au moment où il se refroidit pour le *malaxer*, le manier dans l'eau, et on fait des *magdaleons*, ou rouleau, ou cylindre qu'on enveloppe dans un parchemin huilé.

Ce corps emplastrique a beaucoup de consistance, et il faut qu'il en ait pour que sa couche résiste à l'action du soleil sans se liquéfier ; pour s'en servir, on le ramollit entre les doigts humectés de salive ; on voit que ce mêlange est un véritable emplâtre, et qu'il en remplit complètement l'objet.

De l'englument de Saint-Fiacre.

L'ENGLUMENT de Saint-Fiacre est celui dont la bouse de vache fait la base ; la bouse mêlée avec une terre grasse, telle l'argile, on peut y ajouter de la charrée, du terreau ; il faut passer au tamis ou au panier d'osier qui fait office de tamis, l'argile, la charrée et le terreau, le plâtre, le charbon, si on en ajoute. *Forsyth*, jardinier anglais, a donné une importance ridicule à son englument, dans lequel il fait entrer *de l'albâtre, du plâtre provenant des plafonds*, etc. ; dès long-tems j'employais cet englument, beaucoup plus simple, dont j'ai publié la recette dans un Mémoire sur l'englument des arbres, et cette recette donnée, j'ai ajouté que chaque paysan, sans sortir de son verger, pouvait préparer un bon englument avec le simple onguent de St.-Fiacre, c'est-à-dire, de la bouse et une terre forte : mais j'aurai occasion de revenir ailleurs sur cet objet; je me borne ici à l'application de l'englument sur nos arbres restaurés.

Engluer l'Arbre restauré.

ON conçoit quel doit être l'état d'un arbre dont la serpette, la serpe, la scie, le ciseau ont emporté cent, deux cents protubérances depuis son tronc jusqu'à son sommet. On ne peut pas panser ces deux cents plaies; alors on se contente de recouvrir d'englument emplastrique les plus vives; quant au surplus, voici les moyens à employer.

On prend de l'englument de Saint-Fiacre tout préparé qu'on étend sur les branches, en promenant les deux mains de bas en haut; on unit cet englument en y repassant la main mouillée.

Dès-lors toutes les cavités de la surface de l'arbre sont remplies d'englument dont l'arbre absorbe ainsi plusieurs livres.

Nous avons dit que l'arbre à restaurer ressemblait à un arbre mourant, que restauré et mis à blanc il était à l'œil un arbre mort; on peut dire qu'au moyen de l'englument il est enseveli; mais bientôt on le verra percer son linceul, et soulever cette couche de terre, c'est-à-dire que les scions les plus vigoureux s'élanceront de tous les points. Dès la même année, après la seconde sève, au commencement d'Octobre, on peut arquer ces scions qui ont pris naissance en Mai; les plus faibles ne s'arqueront que l'année suivante; ainsi donc l'automne vous fait jouir de la restauration de ce même arbre.

Il n'y a pas de jardinier qui ne rajeunisse

ses arbres à fruit; mais en les ébottant, c'est-à-dire en les ravalant sur le gros bois ; ils représentent assez bien alors des fourches patibulaires. La première pousse de ces arbres est une énorme confusion de branches , et la serpette fait justice de cet excès ; mais bientôt la taille et l'ébourgeonnement ramèneront l'arbre à son premier état, et une telle mutilation ne réussit pas deux fois.

Moyens employés pour propager ce mode de restauration.

Convaincu de tout ce qu'on a de jouissances à attendre de ce mode de restauration , de la quantité de fruit qu'on devait obtenir de ce rajeunissement, je formai le vœu de voir le plus grand nombre des amis des jardins tenter simultanément cette restauration de leurs arbres dégradés et mutilés. J'avais des exemples à leur offrir : beaucoup de propriétaires sont venu visiter mes expériences; mais c'était leurs jardiniers qu'il fallait convaincre : les livres instruisent bien peu de gens : on a la persuasion ; mais la conviction ne résulte souvent que de la puissance des sens; *il faut avoir vu:* en conséquence, je contractai l'engagement de donner aux jardiniers des leçons pratiques sur cette restauration des arbres à fruit, et sur le gouvernement ultérieur qu'ils exigent, et je leur assignai les jours de dimanche.

Je leur développai la théorie qui doit présider désormais à la conduite des arbres, à leur rajeunissement. De la théorie à des jardiniers ! m'objectera-t-on. Oui : c'est la faute de celui qui se charge de la mission d'instruire, s'il n'instruit pas ; il doit prêcher selon l'auditoire : *Massillon* à la cour de *Louis XIV*, le père *Bridaine* au milieu des champs sur un tertre, où il plante l'arbre de la croix que lui-même il y a traînée.

Pour le commun des jardiniers, c'est *une sève qui monte* et *une sève qui descend.* La feuille a des trachées ; ils l'ignorent ; leur œil ne les apercevrait pas, et à l'aide de la loupe on leur rend ces trachées sensibles, etc. Il serait trop malheureux pour l'homme, que les vérités qu'il a intérêt de connaître, ne pussent pas parvenir jusqu'à lui. En toutes choses, la vérité est si simple, si lucide qu'il est impossible de ne pas la saisir.

Après ce cours préalable, j'opposais à des arbres mutilés et dégradés, de pareils arbres soumis aux principes de gouvernement que je viens d'établir ; et le jardinier mis à l'œuvre exécutait avec connaissance de cause ; car il avait sous les yeux, le mal, le remède et les résultats de la restauration.

C'est ainsi que cinquante jardiniers sont venu étudier, à *Franconville-la-Garenne*, cet art nouveau, pour le reporter dans les jardins de leurs maîtres: c'est ainsi qu'un grand nombre de jardins sont maintenant devenus le théâtre de ces expériences qu'il fallait multiplier pour en faire un faisceau; car une lueur incertaine égare souvent plus qu'elle ne conduit.

D'ailleurs les théories ne font pas une grande fortune chez les grands cultivateurs, et moins encore chez les petits. Les propriétaires même éclairés, croient à leur fermier; on a beau leur parler de l'abus des jachères; si le fermage est exactement payé, le fermier a raison.

Cependant la marche de l'agriculture serait aussi trop lente, si cette règle n'avait pas d'exception; si plusieurs grands propriétaires ne se dérobaient pas à cette force d'inertie; si enfin avec le zèle et la constance qui cherchent à propager, on n'arrivait pas à son but.

Parmi ces propriétaires amis zélés de la culture des arbres, je citerai M. le Conseiller d'Etat préfet de police, qui l'un des premiers a appliqué l'arqûre à une jeune pommeraie qu'il venait de planter à Vitry. Une partie de ces pommiers fut livrée aux fâcheuses conséquences de la taille à laquelle on les soumet, et une partie fut arquée. Il survint au printems une inondation qui couvrit le sol de cette pommeraie : *les seuls pommiers arqués résistèrent à ce déluge local; et les pommiers soumis à la taille périrent.* Il devait en être ainsi ; ne fut-ce que par les lésions multipliées faites à l'arbre, qui facilitent l'introduction de l'eau sous l'écorce.

Ce magistrat a depuis envoyé à Franconville son jardinier forestier, homme très-éclairé sur le gouvernement des arbres en général, et un pépiniériste fort instruit de Vitry, pour voir le résultat d'expériences dont les jardins de Vitry offriront un modèle de plus.

Pour étendre plus rapidement encore l'adoption de ces procédés, j'ai mis à la disposition des propriétaires un jardinier, *Petit l'aîné, à Pierrefitte, près Saint-Denis.* M. *Descemet* me l'avait adressé pour prendre, sur le lieu même de mes expériences, une idée complète de la direction en arc, ainsi que de l'application de ce moyen aux arbres dégradés par la taille : ce jardinier attaché depuis dix ans aux pépinières de M. *Descemet,* et homme très-instruit, a passé chez moi le tems qu'il a cru nécessaire à son instruction : devenu, dès ce moment, missionnaire de cet art nouveau,

Petit l'aîné se transporte chez les propriétaires dont, à son tour, il instruit les jardiniers; en sorte que, dès à présent, un grand nombre de jardins peuvent offrir cette *restauration d'arbres anciens mutilés par l'ébourgeonnement, dégradés par la taille et maintenant soumis à l'arqûre.* Ce nombre se multipliera encore, les mois de Février, de Mars et même d'Avril permettant cette restauration. Si quelques gens attachent un grand prix aux jouissances exclusives, pour moi je n'en mets qu'à celles que je suis assez heureux de partager avec les amis de l'agriculture : aussi le zèle que, dans le cours de l'année dernière, j'ai mis à donner les communications qu'ont désiré de moi ceux qui sont venu visiter mes jardins et vergers, ne s'attiédira point : cette année-ci j'aurai à offrir des résultats plus prononcés.

Post-Scriptum. Au moment de l'impression de cet ouvrage, *Petit* me fait part de sa résidence dans le département de Seine-et-Marne ; mais il employait, concurremment avec lui, dans ces sortes de missions, le nommé *L.-Vincent Dubray, rue des Ursulines à Saint-Denis.* Il est du nombre des Jardiniers qui sont venus à Franconville prendre des leçons pratiques que j'y donnais ; on peut également s'adresser à ce Jardinier qui se transporte chez le propriétaire.

RÉFLEXIONS

Relatives à la marche des découvertes dans les Sciences Naturelles, et aux obstacles qu'y apportent les fausses routes précédemment tracées;

Lues à la séance de la Société Académique des Sciences, du 31 Janvier 1807.

Il y a dans chaque partie des sciences naturelles de petits faits épars qui, sans une première initiative, auraient pu devenir d'importantes découvertes; semblables à des feux follets qui ne font qu'égarer le voyageur, ces faits alors détournent de la véritable route que, de soi-même, on se fût tracée; les conséquences ou fausses ou négatives, et le plus souvent absolues, tirées par les auteurs de ces faits, en font un gant que personne ne cherche à relever.

L'esprit humain, d'ailleurs, veut des découvertes vierges; il consent rarement à s'astreindre sur les pas d'autrui; car c'est le plus communément pour la gloire qu'on travaille; il n'y a que l'enthousiasme de l'utilité publique qui fasse adopter les découvertes d'autrui, dans l'intention de les ramener à ce but.

Chaque partie des sciences naturelles offre de nombreux exemples de cette proposition; mais je me borne à citer celui d'une courbure de branche d'arbre à fruit tentée par *Roger-Schabol;* tentative de laquelle il devait nécessairement résulter d'en détourner pour toujours l'ami des jardins qui aurait eu connaissance de ce fait.

C'est le hazard, c'est l'embarras d'une branche gourmande de pêcher, que *Roger-Schabol* destinait à être recépée, pour remplacer, l'année d'après, une branche-mère, qui le lui a fait incliner sous le larmier du mur. Ce gourmand, dans cette position, le gênant de nouveau pour son palissage, il le détacha, l'amena en avant, et le courba, toujours en attendant la saison de le tailler; car *Roger-Schabol* ne voyait que la taille; elle était pour lui le moyen qui, seul, pût opérer la fructification sur les arbres en espaliers.

Aussi, quelque phénomène que cette courbure présentât à *Roger Schabol*, ils furent perdus pour ce savant.

Moi, au contraire, qui ne considère depuis longtems la taille que comme un moyen de destruction des arbres à fruits, sans être le meilleur moyen d'en assurer la fructification, c'est la taille que j'ai prétendu détruire, pour lui substituer une direction des branches fondée sur les principes de la nature. Conduit par la théorie, ce sont d'abord les branches à bois que j'ai cru devoir arquer; et, les voyant se convertir en branches à fruits, j'ai tenté le moyen sur les gourmands qui, changeant également de nature sous la loi de cette direction, deviennent branches à fruit.

Si j'eusse eu connaissance du fait de *Roger Schabol*, certes je n'aurais pas eu le courage de tenter mon expérience, parce que son autorité m'eût paralysé, d'après les résultats de sa courbure diamétralement opposés à ceux que je cherchais à obtenir de l'arqûre, et dès-lors je n'aurais pas eu à offrir aux amis des jardins, ce moyen heureux que je substitue à la taille.

Montreuil a été le théâtre des expériences de

Roger-Schabol : ce sont ses principes qu'on y suit. Si l'on y courbe les branches, c'est seulement pour en atténuer la vigueur; tandis que j'arque pour décupler cette vigueur là même, qui devient telle qu'aucune autre branche de l'arbre ne peut soutenir comparaison avec la branche arquée. Celle-ci semble une branche échappée d'un autre arbre infiniment plus vivace, d'après son port, la largeur, l'épaisseur, la verdure de ses feuilles et le vernis de son écorce.

Aussi M. *Mériel,* le successeur de *Pepin,* qui veut bien diriger mes pêchers, n'a-t-il que difficilement consenti à en arquer, et comme *Roger-Schabol* il n'a abandonné à l'arqûre que les branches qu'il devait recéper l'année suivante.

Il en est du fait que, dans leur rapport sur l'arqûre, citent les commissaires de l'Institut (*), comme de celui de *Roger Schabol.* Voici ce fait : *Dom François Barbier, chartreux, avait tenté de courber en fixant à l'extrémité supérieure des bourgeons une ficelle à laquelle était suspendue une pierre,* etc. ; mais le résultat de l'expérience fut de *ramener ses arbres au régime de la taille.*

On conçoit que si j'avais eu connaissance de ce fait, quoique, par ce procédé, notre chartreux ait mis ses arbres à fruit, je me serais bien gardé de tenter l'expérience pour revenir plusieurs années après à la taille; ce qui était la conséquence la plus négative de l'expérience.

(*) Ce Rapport est imprimé à la suite du *Mémoire sur quelques inconvéniens de la taille des arbres à fruits, et sur les moyens d'en assurer la fructification.* — Brochure in-8°. — Prix, 1 fr., et 1 fr. 20 c. franc de port. — A Paris, chez *D. Colas,* imprimeur-libr., rue du Vieux-Colombier, N° 26, faubourg Saint-Germain.

Il résulte du fait de *Roger-Schabol* que le hazard est souvent un mauvais guide, qui vous abandonne au tâtonnement et à l'incertitude; du fait de Dom *Barbier*, il résulte qu'une expérience mal exécutée, quoique bien conçue, est un plus mauvais guide encore; on est trop heureux de ne pas les rencontrer dans la route des sciences, puisque, encore une fois, c'est le moyen d'y être arrêté dès les premiers pas.

On peut en dire souvent autant de l'observation, lorsqu'elle se présente d'elle-même : pour en être bien servi, il faut l'aller chercher.

En effet, existe-t-il une observation plus complètement perdue que celle des branches naturellement surbaissées de l'arbre à fruit dans nos vergers? *leurs troncs*, dit Tompson, *quittent la branche courbée et roulent sur le gazon.* Quelle conséquence en a-t-on tirée depuis tant de siècles! depuis l'origine du monde!

Je crois avoir démontré que le hasard, des expériences mal faites, ainsi que l'observation, qu'on n'a pas sollicitée, égarent et détournent de la vraie route qu'on se serait nécessairement frayée sans ces phares trompeurs. De pareils faits sont la semence qui ne tombe sur la pierre que pour y germer et périr.

En effet, dans le cas dont il s'agit, la courbure que *Roger-Schabol* n'a due qu'au hasard; la tentative du chartreux, ainsi que l'observation des branches de tout tems arquées par la nature, n'auraient pu conduire à une découverte de la direction des branches en arc.

Ce n'est pas dans une société savante qu'on m'interrogera pour assigner la véritable route qui mène aux découvertes; il n'y a que la théorie, et c'est le fil d'*Ariane* qui conduit surement dans le labyrinthe de la nature.

Mais il est bon de fixer la véritable acception de la théorie si éloignée du système.

La théorie, ce flambeau constamment allumé pour diriger dans la carrière des sciences, n'est que la conséquence de cent faits antérieurs qu'on applique à la recherche de faits nouveaux; c'est un faisceau d'expériences qui appelle une expérience de plus. Alors il n'y a pas de route plus sûre; celle-là ne peut égarer.

C'est ainsi que les expériences sur la section annulaire, la cassure des branches, leur torsion, m'ont conduit à la direction en arcs; et ce long détour de la science m'a amené aux résultats que la théorie me promettait; résultats tels que ce procédé, cet art nouveau deviendra populaire; il l'est déjà pour tout propriétaire et même pour tout jardinier qui ont été les témoins de ces expériences si faciles à suivre : savoir, fleurs au printems, fruits en automne, beauté, santé des arbres, en même tems qu'élégance de leurs formes.

Je termine ces observations par le vœu que voici: c'est que, dans chaque partie des sciences naturelles, des savans les chérissant moins pour la gloire que pour elles-mêmes et pour le bonheur attaché à l'application qu'on peut en faire à l'utilité générale, semblables à ces voyageurs qui notent sur leurs cartes les lieux qu'ils ont aperçus sans y avoir abordé; que ces savans, dis-je, se consacrent à recueillir les rayons de lumière épars, que d'autres savans n'ont pas réunis dans l'orbite du foyer qu'ils ont allumé, et ramassent ces germes délaissés dans la carrière des sciences pour faciliter les moyens d'en opérer la fécondation.

C'est ainsi, et qu'on me permette de citer ce seul exemple, que la machine dont on doit l'ingénieuse idée à *Papin,* tout en enrichissant la physique, laissait à l'humanité le regret de ne pouvoir pas appliquer le fruit de cette découverte à l'indigence, à la maladie, au marin; bienfait dû à la simple idée de diviser mécaniquement la substance osseuse. Et certes je n'hésiterais pas, si j'avais à choisir, entre la découverte de *Papin* et l'heureuse application que j'en ai faite; soulager le malheur, c'est une jouissance cent fois préférable à l'ivresse d'une gloire stérile.

EXPLICATION DE LA GRAVURE.

La *Fig.* 1ere représente un pommier en vase avec ses anses ou arcs A, et des branches à bois B, qui s'élèvent du tronc de l'arbre.

Ces branches à bois sont destinées à être mises en arcs si l'arbre est vigoureux, ou à rester à bois pour entretenir la circulation de la sève, si l'arbre a moins de vigueur.

La forme du vase à anse est la première direction qu'on donne au Pommier.

Fig. 2 représente un arc sur lequel est implantée une branche à bois C; elle est verticale, haute, mince, n'offre que des boutons à feuilles; ce sont les caractères d'une branche à bois; elle est destinée à être courbée en arc pour la convertir en branche à fruit.

Fig. 3 représente un arc sur lequel est implantée une branche D verticale, mais moins haute que la précédente, plus grosse; elle offre des boutons à fruit, et seulement quelques boutons à feuilles; elle n'a pas eu besoin d'être arquée, s'étant mise d'elle-même à fruit.

Fig. 4 représente un arc inférieur portant fruit, surmonté d'un arc supérieur E qui offre des boutons à fruit F, avec un commencement de bourse destinée à donner du fruit l'année suivante.

Près de la queue d'une pomme est un de ces boutons F; ce qui prouve que la fructification ne nuit pas à une subséquente.

Vers l'un et l'autre arc sont des *coursons* GG, qui prouvent la force de la végétation. Un courson est une branche latérale très-courte destinée à porter fruit; et on voit qu'il s'en élance des arcs déjà chargés de fruits.

Fig. 5 représente un arc H chargé de fruits et de boutons à bourse, surmonté d'un second arc I, chargé de boutons à bourse, et d'un troisième K, dont le bouton à fruit n'est que prononcé ; les trois arcs ayant des coursons L L.

N.B. On a séparé, par autant de figures, ces accidens qui tous se trouvent réunis sur la plupart des Pommiers plantés en bonne terre, et dont la végétation est vigoureuse.

Fig. 6 représente une branche éclatée et soudée L, qui, plus qu'aucun autre arc, est chargé de fruit, mais ayant des aspérités à leur surface. Cette branche n'offre que des boutons à fruit.

Fig. 7 représente un Pommier en vase développé en corbeille.

La confusion qui naîtrait du Pommier, retenu sous forme de vase en arc, force de le développer en corbeilles. Plusieurs branches offrent la réunion de tous les accidens.

Fig. 8 représente le Pommier en éventail ; les branches assujetties sur des piquets, offrent une ligne horizontale, mais qui n'est pas droite ; ce sont des ressauts, des arceaux destinés à suppléer à la courbure que ne comporte pas cette direction, si ce n'est pour les tiges élevées qui sont en arcs. Cet arbre, sous une autre forme, réunit les mêmes accidens, et donne, en raison de son étendue, beaucoup plus de fruits : tel de ces arbres qui rapporte pour la première année porte deux cents pommes, et est chargé de boutons pour l'année suivante.

Fig. 9 représente un Poirier en espalier dont les 4 fortes branches à bois, les 4 gourmands, partant de la base de l'arbre, et qu'on supprime dans la conduite des arbres, remplissent dans celui-ci l'évasement du milieu : ces 4 gourmands font 4 arcs chargés de boutons à fruits, de coursons et de branches verticales destinées à soutenir la végétation de ces mêmes arcs, et à former des arcs supérieurs, ou à être pincés pour leur mise à fruit, selon le plus ou le moins de vigueur de l'arbre.

DISSERTATION SUR LE CAFÉ; son Historique, ses propriétés, et le procédé pour en obtenir la boisson la plus agréable, la plus salutaire et la plus économique; par *Antoine-Alexis Cadet-de-Vaux*, membre des Sociétés d'Agriculture de la Seine, de Seine et Oise, etc., etc.; d'Académies et Sociétés savantes étrangères. Suivie de son Analyse; par *Charles-Louis Cadet*, Pharmacien de S. M. l'Empereur, etc. — Brochure in-12. — Prix, 1 fr. 50 c., et franc de port, 1 fr. 80 c.

ESSAI SUR LA CULTURE DE LA VIGNE, SANS LE CONCOURS D'ÉCHALAS; par *A.-A. Cadet-de-Vaux*. — In-8°, avec grav. — Prix, 75 c., et 1 fr. franc de port.

DE LA TAUPE, DE SES MOEURS, DE SES HABITUDES ET DES MOYENS DE LA DÉTRUIRE; par *Antoine-Alexis Cadet-de-Vaux*. — Un vol. in-12, avec 8 gravures. — Prix, 2 fr. 50 c. et 3 fr. franc de port.

TRAITÉ DES VÉGÉTAUX QUI COMPOSENT L'AGRICULTURE DE L'EMPIRE FRANÇAIS, avec un exposé rapide des caractères les plus saillans qui en indiquent les différences, qualités et usages, et notamment des espèces peu connues et dont la naturalisation présente des avantages. Suivi de considérations sur les semis et les plantations, et de l'indication pour chaque mois des travaux à faire dans les jardins, les prés, les bois et les champs; par *Tollard*, aîné. — Un fort vol. in-12 de 450 pag. (An XIII 1805.) — Prix, 3 fr. 50 c., et franc de port, 4 fr. 50 c.

L'ART DE FAIRE LE VIN, d'après la méthode de *Chaptal*, instruction destinée aux Vignerons; rédigée par *Antoine-Alexis Cadet-de-Vaux*, publiée et distribuée par ordre du Gouvernement. — Prix, 1 fr., et franc de port, 1 fr. 25 c.

COURS DE MINÉRALOGIE, rapporté au Tableau méthodique des Minéraux donné par *Daubenton*, de l'Institut national de France, ou Démonstrations élémentaires et naturelles de Minéralogie; par *N. Jolyclerc*, professeur d'Histoire Naturelle, membre de plusieurs Sociétés savantes, etc. — Un vol. in-8° de 450 pages, imprimé sur beau papier. — Prix, broché, 7 fr., et franc de port, 8 fr. 50 c.

TRAITÉ GÉNÉRAL DES PRAIRIES ET DE LEURS IRRIGATIONS; ouvrage orné de planches et de plans de diverses machines pour élever les eaux à peu de frais. Par *Ch. d'Ourches*, membre de plusieurs sociétés d'agriculture, auteur du *Traité général des Forêts*. Seconde édition, augmentée de deux planches doubles et de plusieurs feuilles d'impression. — Vol. in-8°. — Prix (le même que pour la première édition), 4 fr. 50 c., et 5 fr. 50 c. franc de port.

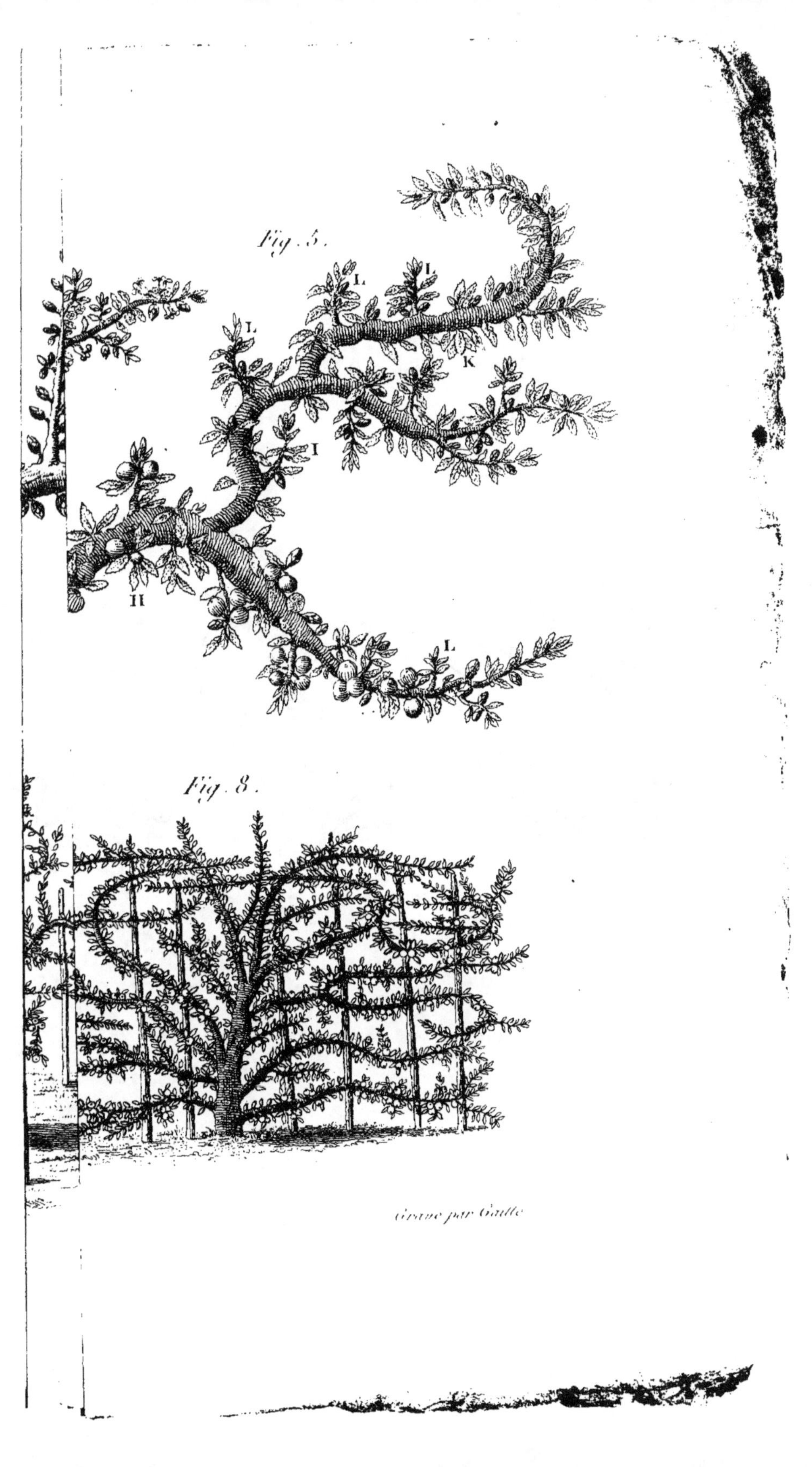
Fig. 5.
L
L
L
L
K
I
H
L
Fig. 8.
Gravé par Gaitte

www.ingramcontent.com/pod-product-compliance
Lightning Source LLC
LaVergne TN
LVHW050429160826
845677LV00002BA/613

* 9 7 8 2 3 2 9 6 8 4 7 8 9 *